ABBÉ ALLARY

CAILLES ET PERDRIX

COLINS OU CAILLES D'AMÉRIQUE

GUIDE POUR LES ÉLEVER ET LEUR FAIRE PRODUIRE

AUX PERDRIX, DE CINQUANTE-CINQ A SOIXANTE

ET AUX CAILLES, DE QUARANTE-CINQ A CINQUANTE PETITS

Nouvelle édition

PARIS

LIBRAIRIE CENTRALE D'AGRICULTURE ET DE JARDINAGE

Rue des Écoles, 62 (ancien 82), près le Musée de Cluny

— Auguste **GOIN**, éditeur —

CAILLES ET PERDRIX

COLINS OU CAILLES D'AMÉRIQUE

Paris. — Imprimerie Viéville et Capiomont, rue des Poitevins, 6.

Abbé ALLARY

CAILLES ET PERDRIX

COLINS OU CAILLES D'AMÉRIQUE

GUIDE POUR LES ÉLEVER ET LEUR FAIRE PRODUIRE

Aux Perdrix, de cinquante-cinq à soixante
et aux **Cailles**, de quarante-cinq à cinquante petits

NOUVELLE ÉDITION

PARIS

LIBRAIRIE CENTRALE D'AGRICULTURE ET DE JARDINAGE

Rue des Écoles, 62 (ancien 82), près du Musée de Cluny

— **Auguste GOIN**, éditeur —

INTRODUCTION

Tous les amateurs, et surtout les chasseurs, auront sans doute remarqué comme nous combien les perdrix, et surtout les cailles, sont devenues rares et chères.

Cette vérité sera encore plus frappante, si on veut se rappeler ce qu'étaient ces oiseaux, ou bien s'en informer, il y a trente-cinq à quarante ans.

C'est donc aller au-devant des besoins de la société, c'est rendre un véritable service aux nombreux amateurs de ce gibier, un des plus délicieux que nous connaissions, que d'indiquer les moyens de doubler, de tripler même sa production.

Mais c'est surtout pour ceux qui n'aiment pas la chasse, ou ne peuvent se donner ce plaisir, que nous aimons à tracer cette méthode; c'est pour le bon curé de campagne, pour le petit rentier, le petit employé.

Nous voulons leur découvrir le moyen d'élever des cailles et des perdrix aussi facilement que la fermière élève des poulets, même beaucoup plus facilement.

Et ils auront cet avantage sur les chasseurs que, lorsque la caille aura disparu et que les perdrix seront devenues rares, lors même que la vente de ce gibier sera prohibée, leur volière leur fournira en tout temps des cailles et des perdrix à volonté.

Tout ce que j'avancerai, je l'ai expérimenté par moi-même pendant quinze à seize ans; et dans tout cela, il n'y a rien d'extraordinaire, tout est simple, facile et à la portée de tout le monde; seulement, il faut, cela va sans dire, certaines précautions, et surtout quelques soins réguliers et soutenus pendant un certain temps.

Ici, je crains que les mots *soins soutenus*

ne soient pas bien compris et n'effrayent beaucoup de monde, tandis qu'en réalité ce que je demande est bien peu de chose ; je ne réclame qu'une vingtaine de minutes par jour ; mais il faudrait accorder ces quelques minutes régulièrement tous les jours et avec un certain degré d'intelligence ou d'expérience [1], et voilà ce que j'entends par soins soutenus ; voilà aussi, remarquez-le bien, en quoi consiste le secret et le moyen de réussir.

Voici en toute simplicité ces moyens.

Tout ce que je vais dire pourrait également convenir aux cailles d'Europe et d'Amérique, aux perdrix rouges et grises ; cependant, pour simplifier le récit, je ne parlerai que de la caille ; mais aussi, toutes les fois qu'il y aura quelque chose de particulier pour les autres espèces, je ne manquerai pas de le signaler et de le bien expliquer.

Pour bien atteindre notre but, c'est-à-dire

1. L'expérience nécessaire sera bientôt acquise par une lecture réfléchie de ce petit ouvrage, et par un peu d'observation et de pratique.

pour doubler et tripler la production des oiseaux dont nous parlons, il y a des moyens pour les *faire pondre*, pour *mettre couver*, pour *faire couver* et pour *élever* les petits; de là, la division la plus naturelle et la plus simple de notre matière.

CAILLES ET PERDRIX

COLINS OU CAILLES D'AMÉRIQUE

PREMIÈRE PARTIE

MOYEN DE FAIRE PONDRE LE DOUBLE ET LE TRIPLE

Pour cela, il faut : 1° un local convenable ;
2° des sujets bien choisis ; 3° une nourriture appropriée ; 4° et savoir à temps et à propos enlever
les premières pontes.

CHAPITRE PREMIER

LOCAL CONVENABLE

Choisissez dans une cour tranquille, ou dans
un jardin, une belle exposition au levant, abritée
du nord : c'est la meilleure, *fig.* 1 ; construisez

là une volière de quatre, cinq ou six compàrti-
ments, selon ce que vous voulez avoir de couples
producteurs ; donnez, à chaque compartiment

Fig. 1. — Volière vue à vol d'oiseau.

1 mètre et demi de long, de large, et 1 mètre
80 centimètres de haut ; plus grands, vos parquets n'en seraient que plus favorables ; que la
moitié du côté du mur soit couverte en planches
et zinc, ou de toute autre manière propre à
mettre à l'abri du mauvais temps ; que l'autre
moitié sur le devant soit toute en grillage, côtés
et toiture, et en grillage de fil de fer ou fil de
zinc, autant que possible, afin de donner plus
d'air, plus de jour et de lumière ; afin de mieux
laisser pénétrer la fraîcheur, la rosée des nuits
(condition presque indispensable aux oiseaux

que l'on veut faire produire), et de déguiser davantage les barreaux de la prison et les ennuis
de la captivité.

Fig. 2. — Volière vue sur un côté.

Tout ceci pourrait peut-être paraître des minuties à bien des personnes qui n'ont aucune
connaissance ou habitude des oiseaux, et leur
faire négliger ces détails et ces précautions toujours fort utiles et souvent même indispensables;
aussi, je vais leur citer un fait qui leur prou-
vera combien j'ai raison, et me fournira l'occa-

sion de donner quelques bons conseils. En 1853,
un ami m'écrivit : « Mon cher, j'ai suivi vos bons
avis, et cependant je ne réussis pas, mes perdrix
ne pondent pas... » Quelques jours après je vais
le voir; et, en entrant dans son jardin, et jetant
un coup d'œil sur sa volière, je ne puis m'empêcher de lever les épaules et de lui dire : « Vous
n'avez pas du tout suivi mes conseils :

« 1° Votre volière est dans une exposition des
plus mauvaises; elle est au midi et au couchant.
Eh bien! écoutez, vous allez comprendre qu'elle
est très-mal placée : tous les oiseaux, et les vôtres
comme les autres, désirent, recherchent et
aiment les premiers rayons du soleil; cette douce
chaleur les égaye, dissipe l'humidité et la fraîcheur des nuits. Les vôtres, placés comme ils
sont, ne jouissent de ce bienfait qu'à midi, c'est-
à-dire, lorsque l'atmosphère est déjà très-chaude
par elle-même; vos oiseaux reçoivent les rayons
brûlants du soleil et y restent exposés jusqu'à
son coucher. Pendant tout ce temps, leur volière
est une vraie fournaise ardente, et, lorsque le
soleil a disparu, ils passent presque subitement

du milieu de cette chaleur au milieu de la fraîcheur des nuits quelquefois très-froides; tandis
que ceux qui sont placés au levant reçoivent,
dès l'aurore, les premiers rayons du soleil, et à
midi, lorsque les chaleurs sont devenues trop
fortes, l'ombre commence pour eux et va en
augmentant graduellement jusqu'au soir, comme
pour les préparer insensiblement au changement
de la température. Vous comprenez maintenant
ce premier défaut de votre volière; mais le plus
grand, c'est qu'elle est trop basse, elle n'a guère
plus de 1 mètre; ensuite vos treillages en bois,
vos montants, tout est trop massif, et votre volière ressemble trop à une prison; elle est som-
bre, triste, et vos oiseaux s'y ennuient. — Bah!
bah! les cailles pondent bien! — Oh! les cailles
sont beaucoup moins difficiles que les perdrix;
et encore, elles ne me paraissent pas trop gaies,
et je doute qu'elles arrivent au chiffre que je vous
ai promis. » En effet, elles ne pondirent que
vingt-huit œufs. En 1854, mon élève suivit en
tout mes conseils, et ses perdrix lui pondirent
soixante-deux œufs et ses cailles cinquante et un,
presque tous bons. Vous voyez donc, par cet

exemple auquel j'en pourrais ajouter un grand nombre d'autres, que tous ces petits détails ne sont pas des minuties, comme on serait tenté de le croire au premier abord.

Bêchez la terre qui forme l'aire de votre volière; plantez en buis nain dans la partie découverte, car dans l'autre, tout arbuste dépérit promptement, des petits bosquets qui communiquent entre eux par des petits sentiers comme une double bordure de jardin; faites ces bordures, partie en buis, partie en lavande ou thym; garnissez les coins de la partie couverte d'un demi-cercle de buis ou de lavande; car ce sont les endroits que les perdrix choisissent de préférence, comme les plus éloignés des regards et les mieux à l'abri.

Recouvrez votre terre, surtout si elle est un peu grasse, d'une bonne couche de sable; ménagez-vous des petits carrés de gazon ou de verdure, dans la partie découverte; plantez là aussi quelques arbustes toujours verts, à tige un peu haute, comme l'alaterne, le laurier du Portugal, des Indes, le laurier-thym, etc., pour embellir le

plus possible vos volières et leur ôter l'aspect
d'une prison, *fig.* 3.

Fig. 3. — Volière vue de face.

Comme les perdrix rouges sont beaucoup plus
difficiles que les perdrix grises, choisissez pour
elles le compartiment le plus grand, le mieux
aéré et le plus éloigné des regards ; ce sera ordinairement le dernier au bout de votre volière :
laissez dans ce parquet le buis, la lavande un peu
plus longs, donnez un peu plus d'étendue aux bos-

quets, aux allées; associez à tout cela un peu de
bruyère, afin de leur offrir plus de fourré et de
mieux imiter la nature.

Surtout, tâchez de leur faire, avec de la meu-
lière ou d'autres pierres, un rocher dans lequel
vous ménagez à sa base des petites grottes, des
renfoncements propres à les mettre à l'abri et à
les faire nicher; et, pour que ces endroits soient
encore mieux de leur goût, plantez au-devant
quelques petits arbustes, ou un peu de bruyère,
de lavande, en laissant toutefois un peu de jour
et une issue facile pour entrer et sortir.

Que la pente de votre rocher ne soit pas trop
rapide, mais qu'elle présente en tournant une
montée aisée, et conduise de distance en distance
à un ou deux petits plateaux de 12 à 15 centimètres de largeur, un peu recouverts par les
saillies de la pierre et formant recoin, toujours
du côté opposé aux regards. Là vous mettez un
peu de terre, y semez quelques graines qui pous-
sent vite, et vous êtes sûr de leur procurer ainsi
un asile des plus agréables, où elles aimeront à
aller se reposer et même à nicher. Ceci se com-
prend facilement, quand on a quelque connais-

sance des mœurs de ces oiseaux; les perdrix
rouges aiment les coteaux, c'est là que vous les
trouverez toujours, et un rocher disposé comme
nous venons de l'indiquer leur fait une certaine
illusion; elles se croient en quelque sorte encore
sur leurs coteaux.

Les cailles d'Amérique ne sont pas plus difficiles que les cailles d'Europe, le même local les
satisfait.

Nous avons demandé une volière un peu grande
et surtout un peu haute; et nous avons vu que
cette hauteur était très-utile, et souvent même
nécessaire; il serait pourtant dommage de conserver un aussi grand espace à deux oiseaux surtout qui restent toujours à terre, le haut semble
alors inutile et perdu en vain : voici un moyen
de l'utiliser, de vous procurer un certain bénéfice
et beaucoup d'agrément. Ce serait de placer dans
chaque compartiment (comme je l'ai toujours
fait), avec les cailles ou les perdrix, deux ou
trois couples d'oiseaux qui sympathisent bien entre eux et produisent en volière. Je vais vous in-

diquer ceux qui réussissent le mieux et que l'on peut trouver à Paris, chez les principaux oiseliers. Mais, pour bien vous guider dans tout cela, il faudrait, sur le choix de ces oiseaux, sur la manière de les soigner, de placer leurs juchoirs, leurs mangeoires, les nids propres à chacun, etc., tout un monde de détails qui seraient ici trop longs et hors du sujet principal. Voici les oiseaux que je vous conseille; je vous en nomme assez, afin que vous puissiez choisir, et prendre ceux que vous pourrez trouver plus facilement. Vous pourriez mettre ensemble une paire de gros, une paire de moyens et une paire de petits, selon que cela vous sera facile.

GROS, LA PAIRE.

Tourterelle du Cap	25 à	50 fr.
— à nuque perlée	30	39
— d'Afrique	20	25
— des bois	10	»
— blanche	6	8
Cardinal gris huppé	35	40
— gris non huppé	35	40
— rouge	35	40
— jaune	40	45
Mauvis, petite grive	8	12
Perruche ondulée	140	150
— inséparable	30	40

MOYENS, LA PAIRE.

Serins hollandais	25 à	30 fr.
— Toudi de l'Inde	20	25
— Ministres	15	20
— Cou-Coupé	12	»
— Pada	12	15

PETITS, LA PAIRE.

Cordon-Bleu	12 à	15 fr.
Bengali moucheté	12	13
Astrilds du Sénégal	12	20
— Sainte-Hélène	12	20
— Sénégali jaune orange	12	20
— — ventre orange	12	20
— — bec d'argent	10	»
— Capucins	10	»
— Hirondelle-Java	10	»
— Dominos	10	»

Je vous donne les noms sous lesquels ces oiseaux sont généralement connus chez les oiseliers, j'y ajoute le prix ordinaire; mais ces prix changent souvent; il y a des années où telle espèce est fort rare, n'arrive pas, et alors le prix monte selon la rareté.

Ces prix sont un peu élevés, sans doute, mais aussi vous revendez votre produit en proportion de ce que vous avez acheté les pères et mères.

CHAPITRE II

CHOIX DES SUJETS

S'il est important d'avoir un local bien préparé, il l'est encore plus de savoir bien choisir les sujets qu'on veut y placer pour faire produire.

Voici leurs qualités essentielles : *jeunes, bien portants*, élevés en case ou en volière.

La première année, il est un peu difficile, cela se conçoit tout d'abord, de se procurer des sujets qui réunissent ces trois conditions ; car il faut les acheter, et je sais par expérience toutes les déceptions qu'on éprouve, même en prenant les plus grandes précautions ; cependant, il y a un moyen de réussir, c'est de s'adresser directement à des amis, à des amateurs qui font des élèves, et de vous arranger avec eux pour avoir vos sujets.

La seconde année, lorsque vous avez fait vous-même des élèves, cela vous devient très-facile; encore faut-il savoir s'y prendre : pour cela gardez, jusqu'au mois de mars ou d'avril, deux paires au moins de chaque espèce, afin que si, pendant cet intervalle, il vous arrive quelque accident, que l'un soit un peu maladif, un autre pas bien ardent, vous puissiez au moins sur votre réserve choisir une bonne paire; puis vous mangez, donnez ou vendez les autres, et quelquefois vous obligez beaucoup ainsi un ami ou un amateur.

Jusqu'à cinq, six ans, vos sujets sont bons pour travailler; quelquefois ils baissent bien avant cet âge; on s'en aperçoit facilement à la ponte; on peut même avec un peu d'expérience, au retour du printemps, le prévoir avant la ponte; on le devine à leur air, à leur pose, à leur allure: on voit s'ils sont gais, alertes, ardents. Lorsqu'on a quelque doute, on les prend, on voit s'ils sont bien en chair, bien nourris, bien frais; au bout de quelques années d'expérience, un coup d'œil vous suffira pour le découvrir.

Les sujets pris au filet souvent ne réussissent pas bien; ils sont toujours un peu farouches, à moins qu'une longue captivité n'ait adouci leurs mœurs, mais souvent cela arrive au détriment de leur santé ou de leur ardeur.

Les sujets élevés en case ou en volière sont toujours préférables; cependant j'ai très-bien réussi, et à plusieurs reprises, avec une femelle élevée en volière et un mâle pris au filet; mais seulement pour les cailles ou les perdrix grises, car pour les perdrix rouges, je n'ai jamais pu réussir qu'avec des sujets élevés en domesticité, et ce sont les oiseaux, avec les *roitelets* ou *troglodytes*, sur lesquels j'ai fait peut-être le plus d'expériences.

CHAPITRE III

Si vous désirez, comme je n'en doute pas, avoir des oiseaux bien portants, bien productifs, il faut bien vous convaincre que c'est principalement par les petits soins réguliers et assidus de tous les jours que vous y parviendrez : renouveler exactement leur nourriture, leur eau, la verdure, les tenir bien propres, voilà leur santé et tout le secret de réussir, et tout cela n'est ni difficile ni long à faire, seulement, il faut donner ce peu de temps régulièrement, et à la même heure autant que possible, et, lorsque vous ne pourrez pas par vous-même, avoir grand soin de vous faire bien remplacer.

Pendant l'année, la nourriture de vos oiseaux doit être bonne, saine, abondante, mais peu échauffante : un mélange de blé, de sarrasin, de millet, d'orge et de seigle en petite quantité, et quelques graines de chènevis, voilà la nourriture ordinaire et convenable.

Cette variété de graines leur plaît, excite leur appétit, les amuse et les console un peu de leur captivité ; de plus, elle les rend gais et bien portants.

Que vos oiseaux ne fassent jamais beaucoup de restes ; quand vous remarquerez qu'ils en font un peu trop, diminuez leur ration, et chaque deux jours, videz et nettoyez à fond leur mangeoire ; donnez les restes à vos poules.

Tenez-vous en garde contre le chènevis ; ils en sont tous très-friands ; mais il les échauffe trop, les dégoûte de toute autre nourriture, et finit par les rendre maigres, étiques et improductifs. En petite quantité, il active et pousse à la production, c'est ce qu'on fait au printemps ; en trop grande quantité, il nuit à la santé et à la fécondité ; vous aurez souvent alors des pontes plus précoces, plus hâtives, mais moins abondantes et

presque toujours des œufs clairs; tandis qu'en
mélangeant convenablement leur nourriture, vous
avez toujours des oiseaux bien portants et bien
féconds, et c'est ce que nous voulons avant tout.

Renouvelez aussi souvent leur eau; ne vous
contentez pas seulement de jeter celle qui reste
et d'en mettre de nouvelle; mais, tous les deux
jours, lavez bien avec un petit balai leur plat ou
leur bassin, et remplissez-le d'eau propre et
fraîche.

N'épargnez pas la verdure; vous voyez qu'en
liberté ils en ont tous les jours et à volonté;
imitez donc en cela la nature, et, quand vous en
manquerez, donnez, pour en tenir lieu, du chou
vert ou blanc, de la chicorée, des navets, des ca-
rottes, des betteraves, etc.

Ayez soin de mettre votre verdure dans des
râteliers faits pour cela; autrement, dans un in-
stant, ils vous l'auront trépignée et gâchée; ils
auront même sali de ses débris toute leur volière;
puis, le reste du temps et souvent au milieu des
plus grandes chaleurs, ils seront obligés de s'en

passer ; tandis que, placée dans des râteliers, ils
ne pourront en prendre qu'au fur et à mesure
qu'ils en mangeront, et ainsi ils en auront dans
tout le courant de la journée.

Aussitôt que le moment pour l'émigration des
cailles, en automne, est venu, il faut, avec une
toile bien tendue, faire un second toit, à 15 ou
20 centimètres au-dessous du premier, pour les
empêcher de se tuer ou de s'abîmer la tête; car,
pendant tout le temps que dure cet instinct ou
cette passion d'émigrer, elles s'élancent en l'air
avec une force à se fendre la tête.

J'en ai eu qui avaient la tête en marmelade et
continuaient encore leurs élans tant qu'il leur
restait des forces.

L'époque de ce départ n'a rien de fixe; elle
dépend du pays qu'elles habitent, du plus ou
moins de rigueur de la température, et surtout
de la direction du vent; c'est celui du nord qu'il
leur faut pour voyager vers le midi.

Le temps de l'émigration dure à peu près
quinze jours; aux environs de Paris, il commence souvent dès les premiers jours de sep-

tembre, et c'est à l'entrée de la nuit que cette espèce de fureur les prend.

Le moyen que nous avons indiqué est bon; mais il donne une certaine peine et ne réussit pas toujours complétement; car il y en a qui, au lieu de s'envoler perpendiculairement, s'élancent par côté, et alors elles donnent contre le grillage, les montants, et se font beaucoup de mal. Voici un second moyen plus simple et plus efficace : ayez une cage ou deux plus ou moins grandes, selon le nombre de vos cailles; ne donnez à ces cages que 25 à 30 centimètres de hauteur, et qu'elles soient entièrement couvertes de toile, alors vous êtes sûr de mettre vos oiseaux à l'abri de tout accident. Toujours désireux d'être utile, je vais en quelques mots vous donner la forme de ces cages : hauteur, 25 à 30 centimètres; largeur, 30 à 35, et longueur, selon le nombre de sujets à placer, *fig.* 4. Chaque 30 centimètres de longueur, nous vous conseillons de mettre une séparation en volige légère et cintrée comme les deux côtés du bout, *fig.* 5, afin de mieux soutenir la toile; et, en laissant à chaque séparation une petite porte de communication au milieu, vous. accordez quelque chose à cette passion de voyager, de changer de position, et vous la rendez moins violente et moins dange-

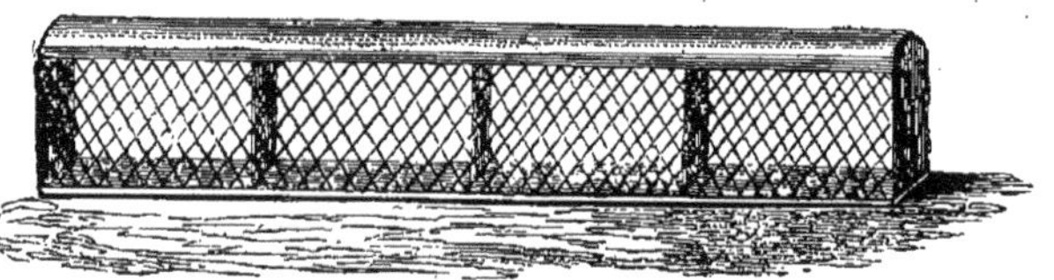

Fig. 4. — Cage à cailles.

reuse. Placez vos mangeoires et abreuvoirs en dehors, comme dans les épinettes pour les poules 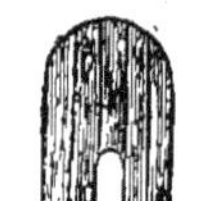 à engraisser, afin de ne rien laisser dans les cages, où elles pourraient aller se heurter, *fig.* 4.

Fig. 5.

Cet instinct d'émigrer se remarque chez tous les individus, soit seuls, soit en société, en cage comme en volière; et, ce qui est plus étonnant, c'est qu'on le trouve avec la même ardeur dans les sujets élevés en domesticité, et qui n'ont jamais connu les plaisirs de la liberté et de l'émigration.

Cependant, j'ai remarqué qu'une fois un hiver passé en France, cette passion était pour toujours éteinte dans les individus élevés en volière, car je l'ai remarquée encore, mais moins forte pourtant, dans ceux qui avaient été pris au filet, et qui sans doute avaient connu l'émigration ; mais, après la seconde année, je n'ai plus rien remarqué.

Les pariades des perdrix commencent dès le mois de février ; il faut donc séparer les couples dès ce moment ; autrement, les combats entre les mâles vont commencer et d'une manière terrible.

Les cailles, au contraire, ne commencent à se rechercher qu'au mois d'avril ; cependant, cela dépend du degré de température où elles ont passé la mauvaise saison ; aussitôt que vous apercevez quelque manifestation de ce genre, séparez les couples, car leurs combats sont encore plus acharnés que ceux des perdrix ; ils vont jusqu'à la mort de l'un ou de l'autre des adversaires ; cela étonne dans des petits oiseaux du reste fort doux ; mais c'est un fait d'expérience, et cela provient de la passion de l'amour qui, chez eux, est élevée au dernier degré.

Dès le mois de février pour les perdrix et le

mois d'avril pour les cailles, si on n'apercevait pas cette ardeur qui leur est ordinaire, on pourrait les chauffer un peu, en augmentant la dose de chènevis et supprimant le seigle et l'orge; toutefois, soyez fort sage au sujet du chènevis, et rappelez-vous là-dessus les conseils déjà donnés. Augmentez comme compensation la verdure, et ne craignez pas, comme je l'ai souvent entendu dire par des amateurs et des fermières, que cela les rafraîchisse trop et nuise à la ponte des volailles.

Quand les perdrix et les cailles sont en liberté, à cette époque où la nature produit tant d'herbes tendres, fraîches et à leur goût, elles ne se nourrissent pour ainsi dire que de cela, et cependant, ça ne nuit point à leur ardeur. Ne craignez donc pas d'imiter la nature.

Une preuve de ce que j'avance, c'est que les cailles que l'on prend alors, et qu'on appelle pour cela cailles *vertes,* sont fort grasses et fort ardentes, car c'est leur ardeur qui les fait donner avec tant d'imprudence dans les filets.

Cependant, soyons toujours exact autant que possible; je crois bien que la nourriture de tant de jeunes et bonnes herbes contribue à leur ardeur; mais, ce qui y contribue encore plus, c'est la nourriture de tant d'insectes qui sortent alors de terre et dont elles sont très-friandes; voilà pourquoi nous conseillons un peu plus de chènevis, afin de remplacer ces insectes qu'elles n'ont pas en domesticité.

CHAPITRE IV

Vos oiseaux ainsi placés, nourris et soignés, commenceront et feront leur ponte aussi régulièrement qu'en pleine liberté, et mieux, parce qu'ils seront exposés à moins d'accidents.

La caille choisira les parties du milieu de la volière, grattera un peu la terre dans les bosquets de buis, ou dans les allées, fera un nid à peine visible au moyen de quelques brins d'herbes et quelques feuilles, mais le visitera souvent et vous pondra de douze à dix-sept, dix-huit œufs : un par jour.

Les colins choisiront les parties un peu four-

rées et à tige un peu haute; au milieu de ce
fourré, ou à côté, l'adossant contre, la femelle
construira un nid d'herbes fines de forme ronde
un peu enfoncé dans la terre et ayant une entrée
assez semblable à celle d'un four ordinaire; elle
pondra de vingt-trois à vingt-cinq œufs d'un
blanc pur.

La perdrix grise adoptera les coins les mieux
abrités et les plus éloignés des regards; c'est
pour cela que nous avons conseillé de les garnir
de buis; elle pondra de quinze à dix-huit, vingt,
vingt-deux œufs, un par jour, ou presque tous
les jours.

La perdrix rouge nichera dans les recoins, à la
base du rocher, ou même dans ceux qui se trou-
vent sur la pente, et quelquefois dans les bosquets de bruyère ou de lavande et pondra comme
la grise.

Maintenant, il s'agit d'enlever à propos cette
première ponte, sans trop les dépiter et les dé-
courager, et de leur en faire produire une seconde, même une troisième.

C'est ici que commencent, non pas les difficultés, mais certaines précautions. J'ai remarqué que, si on les laisse commencer leur couvée et qu'on leur enlève alors l'objet de leur affection, on blesse profondément l'instinct admirable de la nature ; cet instinct est très-vif, c'est une passion, une maladie même, et brusquer cette fièvre, c'est s'exposer à en créer une autre quelquefois dangereuse pour leur santé, c'est-à-dire, un profond dépit, un ennui et souvent un dépérissement à vue d'œil, toujours fatal aux pontes subséquentes, soit en les retardant et quelquefois en les arrêtant tout à fait. Il faudrait donc tâcher de saisir la fin de la ponte et enlever à point les œufs ; alors leur chagrin, quoique grand, est moins profond ; du moins, il ne m'a pas paru aussi dangereux, et cela, je crois, parce que la maladie de couver n'était pas encore déclarée. D'un autre côté, si vous enlevez trop tôt les œufs, un certain dépit les prend, elles abandonnent leur nid et pondent encore quelques œufs, par ci, par là, à travers la volière ; mais bien moins que si elles n'avaient pas été dérangées ; toutefois, il vaut mieux avoir quelques œufs de moins que de laisser la fièvre de couver se déclarer.

Pour cela, il est bon de savoir qu'il y a des cailles, même des perdrix (le cas est plus rare dans la perdrix), qui ne font que six, huit, dix œufs à la première ponte, tandis que la seconde et même la troisième sont tout à fait normales. Or, crainte de se trouver dans ce cas, il faut, sitôt que la ponte est commencée, voir chaque jour s'il y a un œuf nouveau, et tâcher de voir sans trop avoir l'air de voir, mais comme en passant, en donnant à manger, à boire et sans s'arrêter à considérer, surtout sans déranger le nid, car, aussitôt son œuf pondu, la mère se retire, mais en arrangeant et en couvrant légèrement et avec une certaine négligence son nid, pour mieux déguiser son trésor aux regards. Si vous y touchez, vous remarquerez à son air inquiet, à son petit cri, que cela la dépite ; cependant il faut tâcher, pour votre gouverne, de voir s'il y a un œuf nouveau chaque jour ; il faut remarquer aussi, par le même motif, si elle ne reste pas trop sur son nid, surtout passé dix à onze heures, car d'ordinaire elle pond avant cette heure, et si on voyait qu'après ces heures elle reste plus que d'habitude sur ses œufs, ce serait comme un indice que la maladie de couver n'est pas loin. Cependant, ne prenez pas les petits instants qu'elle aime quelquefois à passer sur ses œufs, par pur plaisir, pour la maladie de couver; un peu d'habitude vous en fera saisir tout de suite la différence : quand c'est uniquement le plaisir du moment, elle y reste peu, elle est moins affaissée et comme en passant; tandis que, lorsque c'est la fièvre de couver bien déclarée, c'est alors tout un monde de préparatifs : elle arrange son nid, elle soulève ses œufs, elle les retourne, puis, passez-moi l'expression, *elle saisit* ses œufs avec passion; on la voit s'affaisser, s'aplatir pour ainsi dire, écarter légèrement les ailes, allonger les plumes latérales, les recourber autour des œufs, surtout quand ils sont nombreux, quinze, dix-huit, et comme embrasser de tout son petit être l'objet de son affection. Alors la maladie est bien déclarée, c'est fâcheux; mais n'importe, il faut, malgré cela, lui enlever ses œufs, car, comme nous verrons plus loin, elle réussit assez mal à couver, elle se donne trop de peine pour élever ses petits, et, du reste, elle ne pondrait plus de cette année.

La première ponte enlevée, même le plus adroi-
tement, elle se dépite pendant un jour ou deux;
on la voit, tout affairée et chagrine, courir chercher partout; bientôt le mâle l'environne de nouvelles assiduités, et, au bout de cinq, six, sept
jours, elle recommence une seconde ponte, mais
non pas dans le premier nid, toujours dans un
autre endroit. Cette seconde ponte est aussi
abondante, souvent même plus que la première,
surtout quand la soustraction des œufs a été faite
convenablement. Vous enlevez cette seconde
ponte avec toutes les précautions que vous avez
prises pour la première, et, dans quelque temps,
elle vous en fait une troisième. Celle-ci est souvent moins abondante. Les cailles ne font guère
plus de huit, dix, douze œufs, et les perdrix qua-
torze, quinze, dix-sept. Je n'ai pas eu de cas
d'une quatrième ponte, mais presque toujours
j'en ai obtenu une troisième, surtout lorsque
l'expérience m'eut appris tous les soins à donner
et les précautions à prendre pour enlever les
premières pontes.

Nous venons d'entrer dans des détails capables d'effrayer tout le monde; cependant, c'est long, il est vrai, à dire, à expliquer; mais lorsqu'on le sait, c'est simple et facile à faire.

Du reste, pour tout bien préciser, la plupart du temps, toutes ces précautions ne sont pas nécessaires. J'ai vu un de mes amis, à qui j'avais donné des élèves que j'avais faits moi-même, ne prendre aucune précaution, et toujours il réussissait à merveille; et lorsque je voulais lui faire quelque observation, il me répondait : « Je suis sûr de mes sujets, je les connais; vous le voyez bien, du reste, à mes succès. » D'un autre côté, je me rappelle qu'à mon début j'eus plusieurs pontes dérangées et même tout à fait interrompues, faute, je crois, de prendre ces précautions. Je dois dire aussi que les sujets que j'avais, je les avais achetés et ne les avais point élevés moi-même. Avec tous ces renseignements, vous pourrez maintenant voir vous-même ce que vous aurez à faire.

Au reste, je ne dois pas vous laisser ignorer que les perdrix demandent rarement à couver, et, par conséquent, vous dispensent de toutes ces attentions et de tous ces ménagements; il suffit, vers la fin de chaque ponte, de ramasser leurs œufs, et, après quelques jours, elles recommencent à pondre. Quelquefois il y a de petites interruptions; ne vous découragez pas; attendez, et tout reprendra son cours.

DEUXIÈME PARTIE

METTRE COUVER

Nous voici en possession de trente-cinq, quarante, quarante-cinq œufs de caille et de cinquante à soixante de perdrix; mais vous comprenez que les premiers ne peuvent attendre les
derniers pour être donnés à couver, ils seraient
trop vieux et ne seraient plus propres à l'incubation. Que faire? Il y a trois moyens de les mettre couver, mais avant, il faut des couveuses, et
le plus souvent c'est un des plus grands embar-
ras; cependant j'espère pouvoir vous donner les
moyens de vous faire triompher de tous les ob-
stacles.

CHAPITRE PREMIER

Vous pouvez vous procurer facilement, d'après ma manière de penser, trois espèces de couveuses :

1° *Des poules.*

Ayez une basse-cour bien exposée, avec un peu de fumier tous les jours, ou deux ou trois fois par semaine ; faites dans votre basse-cour deux ou trois compartiments de treillage de bois assez dru, juste pour empêcher les poules de passer. Dans un de ces grands parquets, placez une dizaine de petites poules anglaises avec leur coq ;

ces petites poules sont douces, familières, admirables pondeuses et couveuses; je veux vous en citer un seul fait. Une année je donnai à une de mes petites poules deux œufs de paon à couver, c'était vraiment ridicule; cette pauvre petite bête paraissait juchée sur ces deux gros œufs; à une certaine distance on voyait une partie de ces œufs qu'elle ne pouvait entièrement couvrir malgré tous ses efforts pour allonger tout autour les plumes latérales; c'était dans la belle saison, en juin, l'air extérieur était chaud; eh bien, elle couva ainsi avec une constance admirable trente-deux jours, et fit éclore les deux petits qu'elle aima, je crois, d'autant plus qu'ils lui avaient coûté plus de peine; il fallait voir au bout de cinq à six semaines, et même plus tard, ces deux grands garçons demander encore à être couverts de temps à autre par leur petite mère; ils couraient alors se fourrer l'un de chaque côté, sous ses ailes qu'elle étendait complaisamment; ils la soulevaient ainsi par leur grande taille chacun de son côté, de manière qu'elle était loin de toucher à terre, et malgré cette fausse position, elle y restait pour leur faire plaisir. Il faut aussi leur rendre justice, ils furent très-reconnaissants de tous ces bons soins; ils étaient très-attachés à leur bonne mère, ils la suivaient partout, ils ne pouvaient se passer d'elle, et ils étaient grands comme père et mère, qu'encore ils voulaient toujours coucher à côté d'elle.

Ces petites poules ne sont peut-être pas bien connues dans la province, mais à Paris et aux environs elles sont très-communes ; on peut donc s'en procurer facilement, et c'est un vrai trésor pour celui qui veut surtout élever des cailles ; car, à cause de leur petitesse et de leurs tendres soins, elles n'écrasent pas les petits cailleteaux, comme il arrive souvent aux grosses poules.

De plus, elles sont d'une belle forme ; il y a surtout des coqs d'une admirable beauté, faits à peindre et à croquer : une crête courte frisée, d'un rouge frais, petit corps bien proportionné, bien cambré, une queue riche, une taille noble, élégante, une démarche qui semble vous dire qu'on a le sentiment de ces belles qualités.

Outre ce parquet de poules anglaises, nous conseillons d'avoir cinq ou six poules cochinchi-

noises et autant de celles que les fermières appel-
lent bayadères aux environs de Paris.

La poule cochinchinoise, *fig.* 6, est, comme on
dit, une fureur ; en Angleterre on en paye jusqu'à

Fig. 6. — Poule cochinchinoise.

60 francs la pièce, mais elles sont déjà fort ré-
pandues en France et se payent de 20 à 30 fr.
la pièce ; leur réputation est méritée par leur
bonté, car elles ne sont pas belles : de longues
jambes, presque pas de queue, une petite tête

avec un corps vigoureusement membré, une large poitrine, des reins forts et trapus : tout cela ne peut constituer une forme élégante ; les coqs sont peu différents des poules : quelques plumes en arc à la queue, une tête un peu plus forte, une taille légèrement plus grande, voilà toute la différence des coqs d'avec les poules.

Cette espèce fournit des poulets presque aussi gros que des petits dindons, d'une viande blanche et fort délicate ; mais surtout, ce qui doit attirer notre attention, c'est que ces poules sont d'excellentes pondeuses et couveuses ; elles donnent dix-huit à vingt œufs de suite, un par jour, puis elles demandent à couver ; si on les empêche de couver, elles recommencent leur ponte au bout de quelques jours, et ainsi de suite : elles sont très-douces, très-chaudes et très-patientes couveuses.

Les bayadères sont une espèce de poules ordinaires, mais fortes et vigoureuses, ordinairement couleur marron, cou doré ; ce qui les caractérise, c'est une bouffée de plumes qui leur donne comme des favoris autour des oreilles, et un bouquet de plumes pendantes au-dessous du bec comme la barbe de nos sapeurs ; j'ai eu plusieurs de ces poules, et j'ai toujours remarqué en elles de précieuses dispositions pour pondre et pour couver.

Avec cette collection de poules bien soignées et un peu chauffées à propos, il faut espérer que vous aurez des couveuses à volonté.

Il faut espérer, mais ne pas y compter absolument, car il y a des années désespérantes sous ce rapport.

Les soins, l'expérience, tout semble échouer dans ces années-là ; il serait trop long ici d'entrer dans les détails de tout ce que nous croyons être la cause de cette calamité pour les éleveurs ; nous aimons mieux leur indiquer un moyen de remplacer les poules couveuses qui font défaut.

2° *Une dinde.*

Prenez une dinde de deux à trois ans, faites-lui avaler une cuillerée d'eau-de-vie, puis placez-la dans un demi-tonneau sur un nid de paille avec quelques mauvais œufs, couvrez votre tonneau de manière à intercepter le jour : au bout de douze à quinze heures, visitez-la, pour voir si elle a pris les œufs, si elle est bien couchée dessus ; si les œufs sont chauds, c'est une preuve qu'elle a adopté les œufs et que vous avez une couveuse ; cependant, recouvrez-la bien de nouveau, et laissez-la encore, pour bien vous en assurer, une demi-journée ; alors, si elle tient toujours bien les œufs, vous êtes sûr d'elle et vous pouvez agir comme nous l'indiquerons plus loin. Si, au contraire, lorsque vous la visitez pour la première ou deuxième fois, vous la trouvez sur les pieds, droite, les œufs froids ou même salis, alors vous êtes sûr qu'elle ne couve pas, et que cette fièvre ne lui est pas encore venue ; ne vous découragez pas, ôtez-la, nettoyez le nid, arrangez-le de nouveau, donnez-lui encore un peu d'eau-de-vie et remettez-la sur les œufs en la couvrant bien, et vous réussirez, je vous le promets, à la seconde ou à la troisième fois.

Une fois sûr de votre couveuse, préparez-lui par terre, en un coin, dans une demi-obscurité, un nid ainsi arrangé : fouillez un peu la terre sur 25 à 30 centimètres de large et 5 à 10 centimètres de profondeur, laissez une partie de cette terre meuble dans le nid pour en adoucir un peu la dureté et de manière qu'il ne soit ni trop creux, ni trop plat, recouvrez le nid de terre d'un second nid en paille douce ou en foin, assez éloigné des murs pour qu'en se tournant sa queue ou sa tête ne soient point gênées ; mettez dans le nid ainsi préparé, six ou huit œufs de poule anglaise que vous désirez faire couver, puis placez doucement dessus votre dinde. Les premiers jours, couvrez-la dans son nid d'un demi-tonneau défoncé pour lui donner de l'air, mais recouvert en partie avec quelques planches pour la mettre à l'abri de toute taquinerie et lui ôter la pensée de s'en aller. Pour la faire manger, vous l'enlèverez doucement par les ailes et la déposerez à terre devant la nourriture et l'eau que vous lui avez préparées d'avance.

Au bout de deux jours, lorsque vous êtes tout à fait sûr qu'elle couve bien, vous ôtez pour toujours le tonneau et lui glissez les œufs qui commencent à être un peu vieux et qui pressent ; vous pouvez lui en donner, avec les six de poule qu'elle a déjà, vingt-cinq ou trente de perdrix, de caille ou de faisan ; ayez soin seulement de marquer à l'encre sur chacun le quantième du mois où ils ont été mis sous la dinde; ne craignez pas qu'elle les rejette ou les écrase, elle adoptera tous ceux que vous lui donnerez et n'en cassera pas un; son nid étant placé à terre comme nous l'avons dit, elle n'aura pas besoin de sauter sur son nid, comme s'il était dans une boîte ou un tonneau; elle vous étonnera du reste par ses précautions : vous la verrez non pas monter avec ses pattes sur son nid ou sur ses œufs, mais s'affaisser sur les bords, puis se glisser sur les œufs tout doucement; on dirait qu'elle sait qu'elle est lourde et qu'elle a un trésor fragile à ménager. Sous ce rapport, elle ne mérite pas qu'on dise d'elle : *sot comme une dinde.*

Aussitôt que vous aurez des poules couveuses, vous retirerez une vingtaine d'œufs portant le même quantième et les donnerez à votre couveuse, puis ensuite vous en glisserez d'autres à votre dinde, jusqu'à ce que vous ayez d'autres couveuses, et ainsi de suite si vous voulez pendant deux à trois mois.

Mais, on le conçoit, plus vous la gardez pour couver, plus vous devez redoubler de soins, et malgré tout cela, au bout d'un si long temps, elle est fort maigre : l'amour de couver est une fièvre qui la mine.

Chaque jour, vers les neuf à dix heures, il faut la prendre, l'enlever de dessus ses œufs avec précaution, car souvent elle en a entre les jambes et sous les ailes, la mettre hors du couvoir et fermer la porte ; autrement, elle ne prend pas le temps de manger et retourne sur les œufs. Il faut mettre bien à sa portée de la bonne nourriture et en abondance, du blé, de l'avoine, de la verdure et de l'eau fraîche ; souvent vous serez obligé de la faire lever ; autrement elle reste affaissée à la place où vous l'avez déposée comme si elle couvait encore, c'est qu'elle a les jambes engourdies ; au bout d'un petit quart d'heure, lorsqu'elle a bien mangé, vous lui ouvrez la porte et elle s'en va tout doucement se remettre sur les œufs.

3° *Couveuse artificielle.*

A défaut de dindes, et même pour leur épargner cette corvée, je vous conseillerai d'avoir une couveuse artificielle ; aujourd'hui on a bien perfectionné cet appareil ; il ne laisse presque rien à désirer, à mon avis, pour faire couver.

L'Exposition universelle a mis au jour une couveuse-éleveuse, due à l'esprit inventif de M. J. Deschamps, et nous allons reproduire ici la description qu'en a faite M. G. Barral dans le *Journal de l'Agriculture.*

M. Deschamps est un naturaliste distingué, qui a vécu en Amérique et en Suisse et qui a obtenu, avec son appareil, des succès encourageants. La *fig.* 7 représente une vue générale de la couveuse, qui n'emploie pas de feu, et qui permet, par sa construction, de voir facilement éclore les œufs.

Il suffit de remplir la chaudière d'eau élevée à la température de 75 à 80 degrés, et l'on obtient dans les tiroirs 38 degrés centigrades. Un thermomètre placé dans chaque tiroir indique l'élévation de la chaleur qui, une fois réglée, permet d'installer les œufs. Il est très-facile de diriger la couveuse, en venant à heure fixe, sept heures du matin et sept heures du soir, retirer par le robinet cinq à six litres d'eau que l'on remplace par la même quantité d'eau bouillante ; pendant que

l'on fait cette opération, il faut avoir soin de sortir les tiroirs dans lesquels on a déposé les œufs

Fig. 7. — Vue générale de la couveuse de M. J. Deschamps.

pour les faire couver ; on les retourne les uns
après les autres et on les laisse refroidir pendant
dix minutes. On les remet en place ensuite. Ce

n'est donc que toutes les douze heures, pendant
lesquelles on ne perd qu'un degré, qu'il faut renouveler l'opération. On doit faire attention aux
six courants d'air placés dans chaque tiroir. Ils
servent à donner de l'air aux œufs, mais il faudrait en boucher un ou deux si l'on mettait la

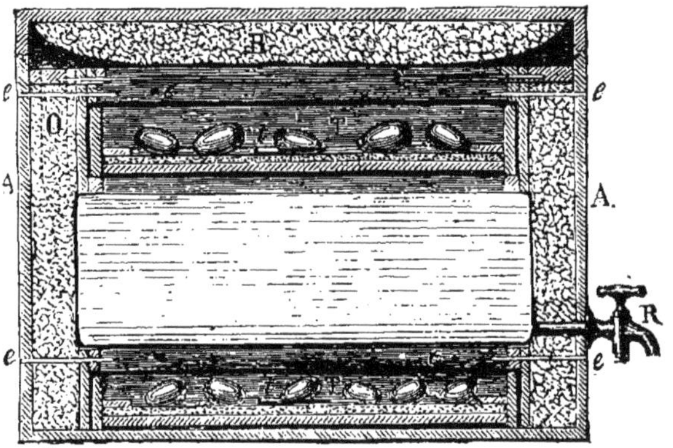

Fig. 8. — Coupe intérieure de la couveuse Deschamps.

couveuse dans une pièce très-ventilée; au contraire, si elle est placée dans une chambre close,
il faut les laisser tous libres.

La *fig.* 8 représente une vue générale avec
coupe intérieure de la couveuse; en A est la
boîte qui contient la chaudière: B est le couvercle supérieur qu'il faut fermer durant l'incuba-

tion ; C est le châssis vitré au travers duquel on peut surveiller l'éclosion des œufs ; en *l* se fait le courant d'air nécessaire pour l'aération ; en O, on introduit l'eau chaude; R est le robinet qui sert à l'écoulement des eaux refroidies ; TT sont les tiroirs dans lesquels on place les œufs.

Dans l'ancien temps, une mère artificielle consistait en une peau d'agneau tannée, à laquelle on avait laissé sa laine et qui était clouée sur un cadre de bois formant le carré. Quatre pieds d'inégale hauteur, ceux de devant étant plus élevés que ceux de derrière, soutenaient l'appareil et lui faisaient jouer le rôle de la poule éleveuse. On plaçait généralement cette espèce de maison sur une boîte de même dimension et garnie à l'intérieur d'une plaque de tôle permettant, par des trous infiniment petits, l'arrivée de la chaleur contenue dans des briques chauffées et placées au dessous.

M. Deschamps a fait mieux. Il a annexé à la couveuse une éleveuse représentée par les *fig.* 9 et 10, et dont voici la description. Le couvercle treillagé B empêche les élèves de sortir. En C est la fourrure qui imite le ventre d'une mère et qui réchauffe les petits; D est un syphon dans lequel les poussins viennent boire; en E est une coulisse qui permet de laisser sortir les poussins; en

Fig. 9. — Vue générale de l'éleveuse Deschamps.

F est la chaudière qu'on emplit d'eau bouillante; en O se fait l'introduction de cette eau; et en O' on pratique l'écoulement des eaux refroidies.

Nous pouvons assurer que M. Deschamps a obtenu d'excellents résultats de son appareil. Il a fait éclore et a pu élever notamment des colins, dont la mortalité n'a jamais atteint plus de 7 p. 100. Les œufs de poule viennent très-bien, et jamais M. Deschamps n'a eu à déplorer la disparition instantanée de toute une couvée, comme cela avait lieu souvent avec les anciennes couveuses, et comme cela se voit encore avec les mères naturelles. Il faut remarquer que la tem-

Fig. 10. — Coupe transversale de l'éleveuse Deschamps.

pérature est toujours maintenue avec une grande facilité et à un degré toujours égal; il n'y a pas, il ne peut y avoir de refroidissement brusque. En outre, cet appareil demande des soins moins assidus; pourvu qu'ils soient réguliers, cela suffit à la marche normale de la couvée, qui produit des poussins aussi forts que ceux des poules.

Ajoutons que M. Deschamps est un amateur très-distingué et non un commerçant, et qu'il base ses expériences sur des études et des succès qui remontent à plus de vingt ans.

CHAPITRE II

Maintenant que vous avez vos couveuses, soit
naturelles, soit artificielles, il ne s'agit plus que
de mettre vos œufs sous elles. Il y a, avons-nous
déjà dit, trois méthodes.

Première méthode.

Elle consiste à prendre la première ponte de la
caille, et sept ou huit œufs de la seconde, ou toute
une ponte de perdrix, et à les mettre sous une poule,
ou à les glisser sous la dinde, ou à les placer dans
la couveuse artificielle, en marquant sur chacun

le quantième du mois; on donne ensuite les restes de la seconde ponte de la caille et la troisième à une autre poule, ou on les met avec les autres, toujours en marquant le quantième du mois bien exactement.

Deuxième méthode.

Il serait mieux et plus facile d'avoir deux paires de cailles ; on prend alors les dix premiers œufs de chaque paire et on les met sous une poule, puis les autres à une autre poule et ainsi de suite : on serait plus sûr de cette manière d'avoir des œufs frais et bons, et l'on serait moins exposé à des déceptions, si une caille venait à manquer. Au reste, quand on se met à même d'élever vingt-cinq ou trente petits, on peut en élever cinquante ou soixante; la seule difficulté, c'est d'avoir assez de place, comme nous verrons plus loin, lorsqu'ils ont cinq à six semaines et qu'ils commencent à se piquer.

Troisième méthode.

Elle consiste à prendre vingt ou vingt-cinq œufs, soit de caille, soit de colin, soit de perdrix grise ou rouge et à les mettre sous une poule; puis vingt-cinq autres avec une autre poule et ainsi de suite; on peut très-bien faire ce mélange, car tous les œufs mettent le même temps pour éclore, et tous les petits s'élèvent très-bien ensemble. Cette méthode est la plus simple, la plus facile, la seule qu'on doive employer pour avoir des œufs bien frais, quand on a toutes ces diverses espèces; mais quand on n'a que des cailles ou des perdrix seulement, on est bien obligé d'avoir recours à un des autres moyens, et voilà pourquoi nous les avons indiqués.

On devrait aussi, lorsque l'on a assez d'œufs, mettre toujours deux ou trois poules à la fois, même quoiqu'on fût obligé d'attendre que les œufs eussent déjà douze à quinze jours, parce qu'alors s'il y a beaucoup d'œufs clairs ou qui ne viennent pas bien à point, on pourra glisser tous les petits ayant le même âge à une seule poule, et abréger ainsi les soins en ménageant vos poules.

On peut encore simplifier, et on ne saurait trop le faire, surtout lorsqu'on a une certaine quantité d'élèves. Au bout de six à huit jours (même avant, quand on a l'expérience) on peut mirer tous les œufs qui sont sous les poules du même jour. Pour bien le faire, on les place à un rayon de jour ou de soleil; on met de côté tous ceux qui sont clairs ou barbouillés, et souvent ainsi on peut réduire les couveuses de trois à deux, même à une. Ce cas arrive rarement avec les œufs de caille ou de perdrix, qui sont presque toujours bons; mais avec les œufs de faisan, surtout quand on n'a pas l'expérience nécessaire pour les soigner, cela arrive assez souvent.

CHAPITRE III

C'est ici, je crois, le lieu et le moment convenables de placer certaines remarques assez curieuses que j'ai eu occasion de faire au sujet des œufs qu'on veut faire couver.

Les œufs que vous enlevez et que vous tâchez de conserver soigneusement dans un endroit choisi pour cela, c'est-à-dire, ni trop frais, ni trop chaud, se conservent néanmoins, malgré vos soins, moins aptes à l'incubation, si vous les gardez de vingt à vingt-cinq jours, que ceux qui restent dans le nid de la perdrix le même temps (je parle ici de la perdrix, parce que c'est à peu

4.

près le temps qu'elle met à faire sa ponte; mais on pourrait en dire autant des autres en les gardant le même temps), quoique ceux qui restent dans le nid soient exposés à la fraîcheur des nuits et quelquefois aux rayons ardents du soleil. Il faut donc pour cela que la mère, dans les petites visites qu'elle aime à leur faire, et surtout dans les moments de la ponte d'un nouvel œuf, leur communique quelque chose de particulier et d'impraticable pour nous; mais le fait me paraît constant. Souvent, au bout de vingt-cinq à trente jours, j'ai eu dans les œufs que j'avais enlevés beaucoup de mauvais, tandis que ceux qui étaient restés le même temps dans le nid de la perdrix étaient tous bons.

Pour vous convaincre combien les soins de la mère contribuent à conserver ses œufs bons, faites une expérience bien simple : laissez hors du nid deux ou trois des premiers œufs, mais pourtant dans les mêmes conditions que ceux qui sont dans le nid, moins les soins de la mère. Au bout de vingt à vingt-cinq jours, lorsque la ponte est finie, marquez-les d'un numéro à l'encre, mettez-les couver avec les autres, et vous verrez que toujours ils sont gâtés et n'éclosent pas, ce qui m'a comme prouvé que les soins de la mère avaient une grande influence sur les œufs, et que ce que j'ai appelé plus haut pur plaisir de la mère à visiter son nid pouvait bien être en effet un vrai plaisir, mais en même temps un besoin pour les œufs et un instinct admirable de la nature.

Enfin, pour être tout à fait exact, je dois dire qu'il y a une grande différence, cependant, entre les œufs qu'on enlève et qu'on tâche de conserver avec soin dans un lieu convenable, et ceux qui restent hors du nid et sans les soins de la mère : ceux-ci, au bout de quinze à vingt jours et souvent en moins de temps, sont presque toujours gâtés, tandis que ceux que l'on sait conserver sont encore bons au bout de ce temps, à moins qu'ils ne soient mauvais de leur nature, et il doit en être ainsi pour que toutes les méthodes que nous avons indiquées puissent réussir; concluons donc que si les petits soins de la mère contribuent beaucoup à conserver les œufs, ceux que l'on prend avec sagesse ne sont pas inutiles non plus.

TROISIÈME PARTIE

FAIRE COUVER

Vos œufs sont confiés à vos couveuses, il faut maintenant conduire à point toutes ces couvées, objets de vos espérances. Ici, j'ai encore besoin d'indiquer quelques précautions, et ce que je vais dire peut s'appliquer à toute espèce d'œufs qu'on veut faire couver par des poules.

1° Il faut des poules *douces* et bien portantes; je n'ai jamais bien réussi avec des poules de ferme et d'emprunt; elles sont trop volages ou farouches, et pas assez habituées au local et aux personnes nouvelles qui les soignent.

2° Choisissez pour mettre vos couveuses un

endroit tranquille, formez un demi-jour; que cet endroit ne soit ni trop frais, ni trop chaud; tenez-le toujours dans un grand état de propreté.

3° Ayez pour les petites poules anglaises de petites boîtes en bois de 25 à 30 centimètres carrés; faites avec de la paille fraîche, que vous aurez un peu brisée avec les mains pour lui ôter sa rudesse, un nid convenable dans vos boîtes; que ce nid ne soit pas trop creux, autrement les œufs se mettent en tas les uns sur les autres, et ceux qui sont par dessous ne reçoivent pas la chaleur fécondante; qu'il ne soit pas non plus trop plat, sans quoi les œufs s'échappent de dessous la poule et coulent sur les côtés, et sont ainsi privés de la chaleur nécessaire. A la hauteur du nid de paille, pratiquez avec une vrille des petits trous pour donner de l'air aux couveuses et même aux œufs; il leur en faut pour être couvés comme pour vivre; vos boîtes étant ainsi préparées, placez-y doucement vos poules et couvrez-les d'un couvercle à claire-voie pour leur donner de l'air, et en même temps pour arrêter quelquefois leurs caprices et les mettre à couvert de tout danger extérieur. Pour les grosses poules, placez-les à terre, comme nous l'avons indiqué pour la dinde et pour les mêmes motifs. Couvrez-les dans leur nid d'une boîte carrée de 35 à 40 centimètres et qui s'ouvre sur le devant pour les laisser sortir et entrer; cette boîte doit avoir un couvercle à claire-voie et des trous comme les autres.

4° Maintenant, avant de leur confier vos espérances, donnez-leur trois ou quatre petits œufs de leur espèce, et, au bout de quelque temps, une demi-journée par exemple, lorsque vous verrez qu'elles ont bien pris leurs œufs, glissez-leur tout doucement ceux que vous leur destinez et ôtez les autres.

5° Tous les jours, vers neuf à dix heures, visitez-les, levez-les doucement de dessus leurs œufs, prenez garde qu'elles n'enlèvent avec elles quelques œufs; souvent elles les font remonter jusque sous leurs ailes (ce sont ordinairement les bonnes couveuses qui font cela); déposez-les à terre; mettez devant elles, dans une mangeoire assez plate pour qu'elles puissent bien voir leur manger, de la graine fraîche, un mélange de blé, d'avoine, de sarrasin, de chènevis, et de l'eau re-

nouvelée chaque jour dans un vase convenable ;
si elles restaient affaissées sur elles-mêmes, comme
si elles voulaient continuer de couver, faites-les
lever doucement pour leur dégourdir les jambes
et les exciter à manger ; donnez-leur un bon petit quart d'heure, puis remettez-les doucement
sur leur nid, si elles n'y vont pas d'elles-mêmes.
N'en laissez sortir ou manger qu'une ou deux à
la fois, autrement elles se battent, s'emparent des
nids les unes des autres et se dégoûtent quelquefois de couver.

6° Au bout de six à sept jours, il faut visiter
l'intérieur de leur nid, de peur de la vermine,
surtout si on voyait que leur crête pâlit et se fane,
qu'elles témoignent de l'impatience de se lever ;
alors et même sans ces symptômes, par précaution, enlevez les œufs pendant qu'elles mangent ;
puis, vous mettant au grand jour, ôtez la paille
du nid, couche par couche ; s'il y a de la vermine,
vous ne la trouverez qu'aux dernières couches.
Ce sont de petits poux rouges qui se mettent ensemble et par pelote ; pendant le jour, ils descen-
dent au fond du nid ; mais la nuit ils envahis-
sent la couveuse et la tourmentent au point de

la rendre malade et de lui faire abandonner ses
œufs. Sitôt que vous apercevrez les traces de
cette vermine, ne perdez pas de temps, ça pul-
lule vite; mettez vos œufs et votre couveuse dans
une nouvelle boîte, préparée comme la première. Pour celle-ci, ne la laissez pas dans votre
couvoir, enlevez-la, jetez la paille loin de là, et
nettoyez bien votre boîte à l'eau de potasse bouillante avant de vous en servir de nouveau. Le
meilleur moyen pour la purifier à fond, c'est de
prier votre boulanger de vous la mettre cinq minutes dans son four, lorsqu'il est bien chaud:
alors la vermine et ses œufs sont entièrement
détruits.

———

QUATRIÈME PARTIE

ÉDUCATION DES PETITS

Voici vos petits éclos, et, chose curieuse, ils sont éclos tous à la fois ; les œufs se sont fendus par le milieu, et tous les petits ont paru, formant comme une pelote de gros frelons : au bout d'une demi-heure, une heure au plus, à peine séchés, ils sortent de dessous la poule, commencent à courir et à chercher à manger. Enlevez alors doucement votre poule, déposez-la dans une boîte *ad hoc, fig.* 11, sur la planche, sans paille ni foin, car autrement les petits s'entortillent leurs petites jambes, et vous en perdez souvent plusieurs ; glissez sous la mère les petits et couvrez votre boîte.

Ces boîtes sont indispensables pour élever des petits cailleteaux, perdreaux ou faisandeaux. Il y

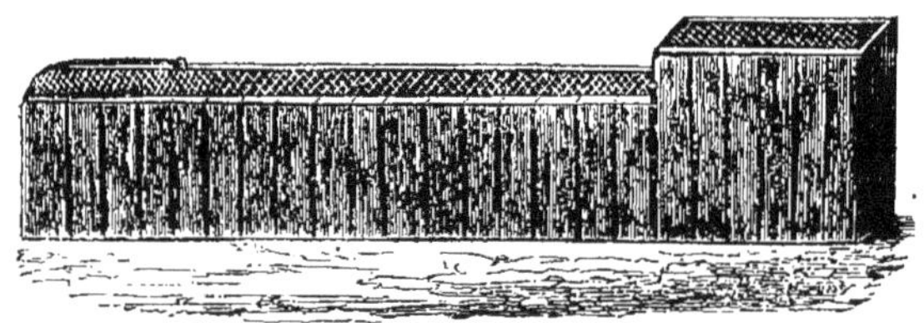

Fig. 11. — Boîte pour cailleteaux et perdreaux.

a plusieurs manières de les faire; voici celle que l'expérience m'a démontrée la plus commode : faites-les en planches légères de sapin du Nord, afin qu'elles soient plus faciles à remuer; de plus, il a une odeur de résine beaucoup plus marquée que les autres, et par là même plus à l'abri de la vermine; il serait bon que les planches fussent rabotées, raînées et peintes pour plus de propreté; donnez à ces boîtes 1 mètre 40 à 50 centimètres de longueur, 35 à 45 centimètres de largeur; le compartiment destiné à la poule aura 40 centimètres : le reste sera pour les petits. Le côté de la poule doit avoir 35 à 40 centimètres de haut pour qu'elle soit bien à son aise; celui des petits 25 à

30 centimètres, un peu moins élevé, pour que l'air et le soleil puissent mieux y pénétrer, et que votre boîte n'ait pas la forme d'une bière; que les deux extrémités se ferment à coulisse, ainsi que la séparation de la mère, et cela pour une foule d'usages fort commodes : 1° pour nettoyer et laver plus facilement vos boîtes; 2° pour laisser de temps en temps passer la mère du côté des petits pour qu'elle mange les restes qu'ils font; 3° pour laisser sortir les petits ou dans le jardin ou dans la volière, comme nous verrons plus loin. Le côté de la poule devrait avoir un couvercle à double pente en planche légère pour qu'elle soit à l'abri du mauvais temps et plus tranquille; on ferait bien d'en avoir un pareil, mobile, de la longueur du compartiment des petits, afin que, dans une averse, on puisse couvrir la boîte et mettre les petits à l'abri sans avoir besoin de rentrer les boîtes. Outre le couvercle mobile, qui n'est que pour la nuit ou pour le mauvais temps, la partie des petits doit être recouverte d'un filet; les deux tiers de ce filet sont fixés aux rebords de la boîte; l'autre tiers est mobile comme le couvercle d'une tabatière,

pour laisser une ouverture convenable et faciliter les soins à donner aux petits. Voici comment on peut rendre cette partie mobile. On a un filet fait de la grandeur de la partie à couvrir, ou bien on en découpe un morceau de cette grandeur sur une pièce de filet : on prend un fil de fer d'une grosseur moyenne, on lui donne la forme d'un fer à cheval carré et de la grandeur du tiers du compartiment à couvrir ; on passe les bouts de fil de fer dans les mailles des extrémités du filet, de manière à former un couvercle à char-nière. Les bouts de ce fer à cheval, *fig.* 12, sont

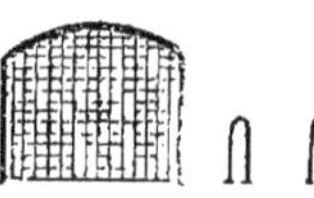

Fig. 12.   Fig. 13.

rivés et accrochés à un petit anneau en fil de fer, *fig.* 13, enfoncé sur le rebord de la planche.

Maintenant, le plus important, c'est de bien élever cette famille qui fait vos douces espéran-ces. Je vais, pour cela, entrer dans quelques dé-tails que l'expérience seule peut fournir. Ne don-nez à boire à vos petits que dans des *canaris* en terre, *fig.* 14 : avec tout autre vase, vos petits se noient, se mouillent, salissent leur eau, leur nourriture, et vous en perdez beaucoup ; avec ce petit moyen, ils sont toujours propres et sans danger; rapprochez assez votre *canari* des bar-reaux pour que la poule puisse boire et montrer à ses petits à faire comme elle. Pour les deux ou trois premiers jours, les œufs de fourmi sont in-dispensables aux caille-teaux, et, pendant huit à quinze jours, aux per-dreaux. A Paris, rien de

Fig. 14. Canari en terre.

plus facile que de s'en procurer; il s'agit de savoir l'adresse des personnes qui vont en ramasser dans les bois et de leur en demander. J'ai remarqué que ces œufs des bois sont un peu gros pour les cailleteaux et même pour les perdreaux, surtout les premiers jours : il serait à souhaiter que vous pussiez vous en procurer quelques-uns dans des parcs ou dans des jardins pour les deux ou trois premiers jours. Donnez-en peu et souvent à vos petits, et assez loin des barreaux, autrement la poule vous les dévorera en un clin d'œil; cepen-dant, le premier jour, on en donne quelques-uns près des barreaux, surtout si ce sont des gros, afin que la poule en mange quelques-uns et excite les petits à en faire autant. Les premiers jours, visitez souvent vos petits; presque toujours vous trouverez quelque chose à faire, quelque soin à donner; dès les premiers temps vous pouvez ajouter à vos œufs de fourmi quelques pincées de pâtée faite avec de la mie de pain fine, des œufs durs et de la salade bien hachés; chaque jour on augmente la quantité de pâtée; au bout de huit à dix jours on donne un peu de millet, qu'on augmente aussi chaque jour, puis un peu de chènevis, de blé, jusqu'à ce que la pâtée et la graine tiennent tout à fait lieu des œufs de fourmi. Si sur le nombre il y en avait quelques-uns d'un peu maladifs, on leur donnerait à part quelques œufs de fourmi, c'est pour eux et même pour tous les oiseaux de volière, jusqu'aux petits oiseaux des îles, un remède salutaire dans leurs petites maladies et une nourriture favorite et féconde; c'est quelquefois le seul moyen de faire produire ces beaux petits oiseaux des îles, ou de leur faire élever leur petite famille.

On peut économiser les œufs de fourmi, même

les remplacer au besoin, lorsque les petits y sont habitués, par la pâtée de rossignol. On la fait avec du cœur de bœuf écrasé avec la tête d'un marteau, puis bien haché et mélangé avec un tiers ou une moitié de farine de pavot; cette farine se trouve à Paris très-facilement sous la forme de grands pains qu'on broie ou qu'on moud.

Il faut que cette pâtée soit un peu ferme, afin qu'elle s'émiette facilement en petits morceaux à peu près semblables à un œuf de fourmi et propres à être avalés par les petits.

On donne aussi des asticots, mais j'ai remarqué que cette nourriture est échauffante et donne aux petits au bout de quelques jours une espèce de teigne ou de gale autour du bec et des yeux; cependant, en lavant les asticots à l'eau de son un peu chaude, on parvient à les rendre une nourriture convenable; il ne faudrait pourtant pas nourrir vos élèves exclusivement avec cet aliment.

Il serait donc précieux d'avoir dans le voisinage une ou deux fourmilières, par exemple, dans un parc, un petit bois, afin d'avoir sous la

main un moyen si utile, et quelquefois si nécessaire. Une autre fois, peut-être, j'aurai occasion
d'indiquer les moyens de créer de petites fourmilières et la manière de les faire produire et de
leur enlever leurs œufs sans les détruire.

Au bout de trois à quatre semaines, vos boîtes
seront trop petites pour votre famille, qui a
grandi à vue d'œil, surtout si elle est nombreuse;
il faut agrandir vos boîtes en ajoutant l'une au
bout de l'autre; ou mieux, mettez votre petit
troupeau en volière; si votre compartiment est
grand, vous pouvez y porter votre boîte, lever la
coulisse, laisser sortir vos petits, mais toujours
laisser la mère dans la boîte. Ne l'oubliez pas,
plus la captivité est longue, plus elle a besoin
de soins; prenez garde à la vermine, visitez souvent la boîte, les coulisses; rapprochez la nourriture et l'eau à sa portée; donnez-lui souvent de
la verdure; après tant de travail et de captivité,
elle est longtemps très-échauffée. Si votre compartiment n'était pas très-grand et que la boîte
en prît une grande partie, ayez pour la mère
seule une petite boîte exprès, de 40 centimètres
carrés, avec barreaux, etc.

Dans six à huit semaines, si vous avez dans chaque compartiment de vingt à vingt-cinq perdreaux ou faisandeaux, votre volière d'un mètre et demi carré sera encore un peu petite, et vos perdreaux sont en grand danger de se piquer; c'est un si grand inconvénient, un malheur même si difficile à réparer, qu'il faut faire tout son possible pour le prévenir. Pour cela, donnez un second compartiment à votre famille, au moyen d'une petite porte de communication. On peut, pendant un certain temps, restreindre un peu les pondeuses, et agrandir l'espace aux jeunes qui croissent tous les jours. Si vous ne pouvez absolument augmenter votre volière, voici un moyen de parer un peu à cet inconvénient : piquez en terre de petits faisceaux de branches, de petites bottes de broussailles, formant de petits bosquets, de petites haies, de petits sentiers, afin que les petits puissent fuir, s'éviter, lorsque la malheureuse passion de se piquer les prend. Beaucoup de personnes ne savent pas ce que c'est que se piquer; il est bon d'en dire un mot pour leur gouverne. Au bout de six à huit semaines, lorsque la jeune plume commence à former sur leur

dos comme le grain d'avoine, les perdreaux, les
faisandeaux, même les cailleteaux (c'est rare pour
les derniers, à moins qu'ils ne soient très-nom-
breux et trop resserrés, ce qui m'est arrivé quelquefois, mais c'est très-commun pour les perdreaux et les faisandeaux), se piquent l'un l'autre
au-dessus de la queue, s'arrachent les plumes, le
sang paraît, ce qui les excite encore davantage,
et alors cela devient comme une épidémie, une
fureur générale; en quelques minutes votre famille est tout en sang, abîmée; et plus ils se piquent, plus la passion semble augmenter; alors
il faut les séparer, et comment faire, lorsqu'on
en a vingt à vingt-cinq dans chaque compartiment, et que vous n'avez plus de place? Il faudrait, du reste, de la place pour mettre chacun
en son particulier. J'ai quelquefois un peu calmé,
un peu arrêté cette fureur, en faisant, avec de la
suie bien pulvérisée, un peu d'huile ou d'axonge,
une pommade que je passais, avec un pinceau, sur
la partie blessée; l'amertume de cette substance
arrêtait un peu la passion des *piqueurs;* mais le
moyen n'avait quelque réussite que lorsque l'on
avait un peu espacé et séparé le troupeau. Pour

mieux réussir, dans cette triste circonstance, il faut les bien pommader et les lâcher dans le jardin, après leur avoir coupé les plumes d'une aile pour les empêcher de s'envoler. Je le sais, rien de si abominable qu'une aile coupée, comme on la coupe d'ordinaire, c'est-à-dire, qu'on coupe tout droit plumes grandes, moyennes et petites, tout à la fois, de manière que l'oiseau a le flanc à découvert et tailladé : mais il y a une manière de la couper, toute simple, et qui ne laisse rien de visible à l'œil, en atteignant également le but qu'on se propose, c'est-à-dire, empêcher de voler : pour cela on ne coupe que les plus longues plumes, en ayant bien soin de les séparer des petites et des secondaires, destinées par la nature à recouvrir le bas des longues, qui serait trop nu, et à ménager une douce et agréable gradation. Dans certains oiseaux, le canard, le pigeon, etc., on peut laisser les deux dernières longues pour soutenir l'aile sur la queue; ainsi coupée, l'aile n'a rien de désagréable et de visible, et cependant, l'oiseau ne peut pas voler, il ne peut faire que certains bonds et retomber de côté.

Cette méthode de lâcher ainsi les petits dans

un jardin, un parc, même une cour, est excel-
lente pour les voir venir vite et bien ; au reste, ils
ne dégradent rien, au contraire, ils détruisent
beaucoup d'insectes et ne font que becqueter un
peu les salades et certaines herbes : c'est la poule
mère qui dégraderait beaucoup en grattant partout et dévorant beaucoup de choses utiles ; elle
est beaucoup plus vorace que les petits perdreaux
et les faisandeaux ; pour les petits cailleteaux, à
peine s'aperçoit-on qu'ils sont dans le jardin ; si
on veut rendre cette méthode plus profitable aux
petits, il faut changer de temps en temps la boîte
de la mère de place, afin que les petits, qui restent aux environs et à une certaine distance,
puissent ainsi peu à peu parcourir tout l'espace
que vous leur destinez [1].

Dès la fin d'août, vous pouvez commencer à
manger de vos petits, s'ils ont été bien soignés.

Je m'arrête ici. J'aurai paru bien long, bien
détaillé, peut-être, pour un grand nombre ; mais

1. Le meilleur moyen pour élever les petits sans avoir
besoin d'œufs de fourmi ou de pâtée, c'est de les conduire
aux champs manger comme des petits moutons ; et c'est la
méthode que nous venons de retrouver dans nos notes.

pour l'homme pratique et qui n'a pas encore l'expérience de toutes ces choses, je suis sûr que j'aurai été trop court en bien des endroits; du reste, je n'ai eu en vue que la plus grande utilité.

FIN

TABLE

SYNTHÉTIQUE ET GÉNÉRALE

Par laquelle d'un coup d'œil on embrasse toute la matière

CHAPITRE II.

Méthodes pour mettre couver.

CHAPITRE III.

TROISIÈME PARTIE

FAIRE COUVER

QUATRIÈME PARTIE

ÉDUCATION DES PETITS.

TABLE

ANALYTIQUE OU DÉTAILLÉE

Dans laquelle tout est rapporté en abrégé

AVEC DES RENVOIS AUX DIVERSES PAGES OU SONT LES DÉTAILS

Au moyen de cette table on peut en quelques minutes faire toutes les recherches qu'on désire

CHAPITRE III.

Soins à donner.

CHAPITRE IV.

Savoir enlever les premières pontes.

TROISIÈME PARTIE

FAIRE COUVER.

Il faut des poules douces, pas d'emprunt, habituées au local, à la personne. Un local tranquille, une

QUATRIÈME PARTIE

ÉLEVER LES PETITS.

6

TABLE DES FIGURES

FIN DES TABLES.

Paris. — Imprimerie Viéville et Capiomont, rue des Poitevins, 6.

ENCYCLOPÉDIE DU SPORTSMAN

ALOUETTES. — Le chasseur d'alouettes au miroir et au fusil, par NÉRÉE QUÉPAT. 1 vol. in-18 orné de figures. 1 50

BÉCASSE. — Le chasseur à la bécasse, par POLET DE FAVEAUX. 1 vol. in-18 orné de 35 figures dans le texte. . . . .

Le même, sur papier vergé, tiré à 25 exemplaires. . . . .

BÉCASSE. — Pour la chasser, par G. DUWARNET. 1 vol. in-18. 3

CHASSE. — Soixante années de chasse-Pratique de la chasse, par J.-A. CLAMART. 1 vol. in-18 orné de figures. . . . .

CHASSE. — Los Paramientos de la Caza, ou règlements sur la chasse en général, par Don SANCHO LE SAGE, roi de Navarre, publiés en l'année 1180, avec introduction et notes du traducteur. 1 vol. in-18. . . . . 1 r

CHASSE A COURRE ET A TIR, par A. DE LA RUE, inspecteur des forêts de l'État, et le marquis DE CHERVILLE. 2 vol. in-8 ornés de figures dans le texte. . . . . 20 fr
Le même, sur papier vergé, tiré à 50 exemplaires. . . . . 40 fr

CHASSE AUX PETITS OISEAUX. — Manuel du tendeur, par J. GRAHAY. 2e édition. 1 vol. in-18 orné de 13 figures. 1 50

CHASSE DE GASTON PHŒBUS (La), comte de Foix, collationnée sur un manuscrit ayant appartenu à Jean Ier de Foix, avec des notes et la vie de Gaston Phœbus, par Joseph LAVALLÉE. 1 vol. in-8 orné de 18 fig. 20

CHASSE ROYALE (La), divisée en IV parties, qui contiennent les chasses du Cerf, du Lièvre, du Chevreuil, du Sanglier, du Loup et du Renard, etc., par messire ROBERT DE SALNOVE. 1 vol. grand in-8, papier fort. . . . . 20 fr
Le même ouvrage, papier ordinaire. . . . . 15 fr

CHASSEUR INFAILLIBLE (Le). — Guide complet du sportsman, contenant l'usage du fusil, le tir, le vol des oiseaux, le dressage des chiens, par MARKSMAN, traduit de l'anglais sur la 3e édition; augmenté d'un appendice sur le tir de la caille, des oiseaux de marais et du gibier de mer; suivi de la loi sur la chasse. 1 vol. in-18 orné de figures. 3 50

CHEVAL DE SERVICE. — Production, élevage et dressage, par EPHREM HOUEL. in-18. . . . . . fr

CHEVAUX. — Conseils aux acheteurs de chevaux, ou Traité de la conformation extérieure du cheval à l'état de santé ou de maladie, avec de nombreuses instructions pour l'appréciation, avant la vente, des vices, défauts, affections, etc.; par JOHN STEWART, suivi de la loi sur les vices rédhibitoires et la garantie du vendeur. 1 vol. in-18 orné de fig.

CHEVAUX. — Conseils aux éleveurs de chevaux, par DU HAYS. 1 vol. in-18. Fig. 3 50

CHEVAUX DE CHASSE. — Leur condition en France, par le comte LE COUTEULX. 1 vol. in-18. . . . .

CHIEN DE CHASSE (Du). Chiens d'arrêt, espèces et variétés, élevage, hygiène, nourriture, maladies, éducation, dressage, extrait du Nouveau traité des Chasses à courre et à tir. 1 vol. in-18 avec figures. . . . .
Le même, sur papier vergé, tiré à 50 exemplaires. . . . . 5 fr

CHIEN DE CHASSE (Du). Chiens courants, espèces et variétés, élevage, hygiène, nourriture, maladies, éducation, dressage, extrait du Nouveau traité des Chasses à courre et à tir. 1 vol. in-18 avec fig. et un plan de chenil chromo-lithographié. 3
Le même, sur papier vergé, tiré à 50 exemplaires. . . . . 7 fr

ÉCURIE. — Économie de l'écurie. Traité de l'entretien et du traitement des chevaux (écurie, pansage, nourriture, boisson, travail), par JOHN STEWART, traduit de l'anglais sur la 7e édition, par le baron D'HANENS. 1 vol. in-18 orné de figures. 3 50

PÊCHE A LA LIGNE. — Conseils par CH. JODRY. 1 vol. in-18 orné de 40 fig. dans le texte. . . . . 2 fr

VÉNERIE, par d'YAUVILLE. 1 vol. grand in-8, papier vélin, orné de 4 grandes gravures hors texte, de 9 fig. médaillons, et accompagné de 42 fanfares. . . . . 20 fr

CAILLES, PERDRIX, COLINS ou CAILLES D'AMÉRIQUE. — Guide pratique pour les élever, etc., par ALLARY. Nouvelle édition. 1 vol. in-18. Fig. . . . . 1 fr

CHASSE — Carnet de chasse. In-18 oblong, cartonné, toile anglaise. 2 50

FAISANS, CANARDS MANDARINS et de la CAROLINE, CYGNES, etc. — Guide pour les élever, par ALFRED TOUCHARD (Arthur Legrand). 2e édit. 1 vol. in-18 avec figures. . . . . 2 fr

FAISANS ET PERDREAUX. — Précis sur la manière de les élever. In-18 orné de fig. . . . . 2 fr.
Réimpression de l'ouvrage original publié en MDCCLXXII.

OISEAUX DE VOLIÈRE (Manuel de l'amateur des), ou Instruction pour connaître, élever, conserver et guérir toutes les espèces d'oiseaux que l'on aime à garder en volière ou dans la chambre, par BECHSTEIN. Nouvelle édition. 1 vol. in-18 orné de fig. dans le texte. 3 50

Paris. — Imp. Viéville et Capiomont, rue des Poitevins, 6.